小科普大文化

吃不腻的传统美食

传统文化与科学融合的国风绘本

李宏蕾 韩雨江◎主编

吉林科学技术出版社

阅读指南

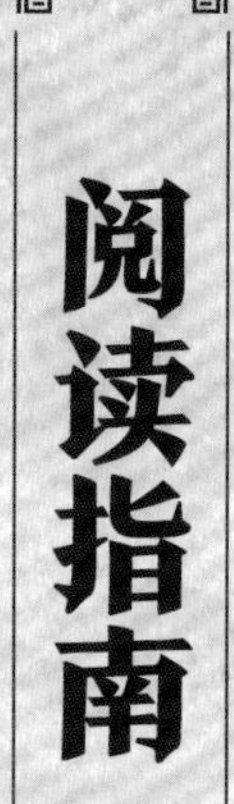

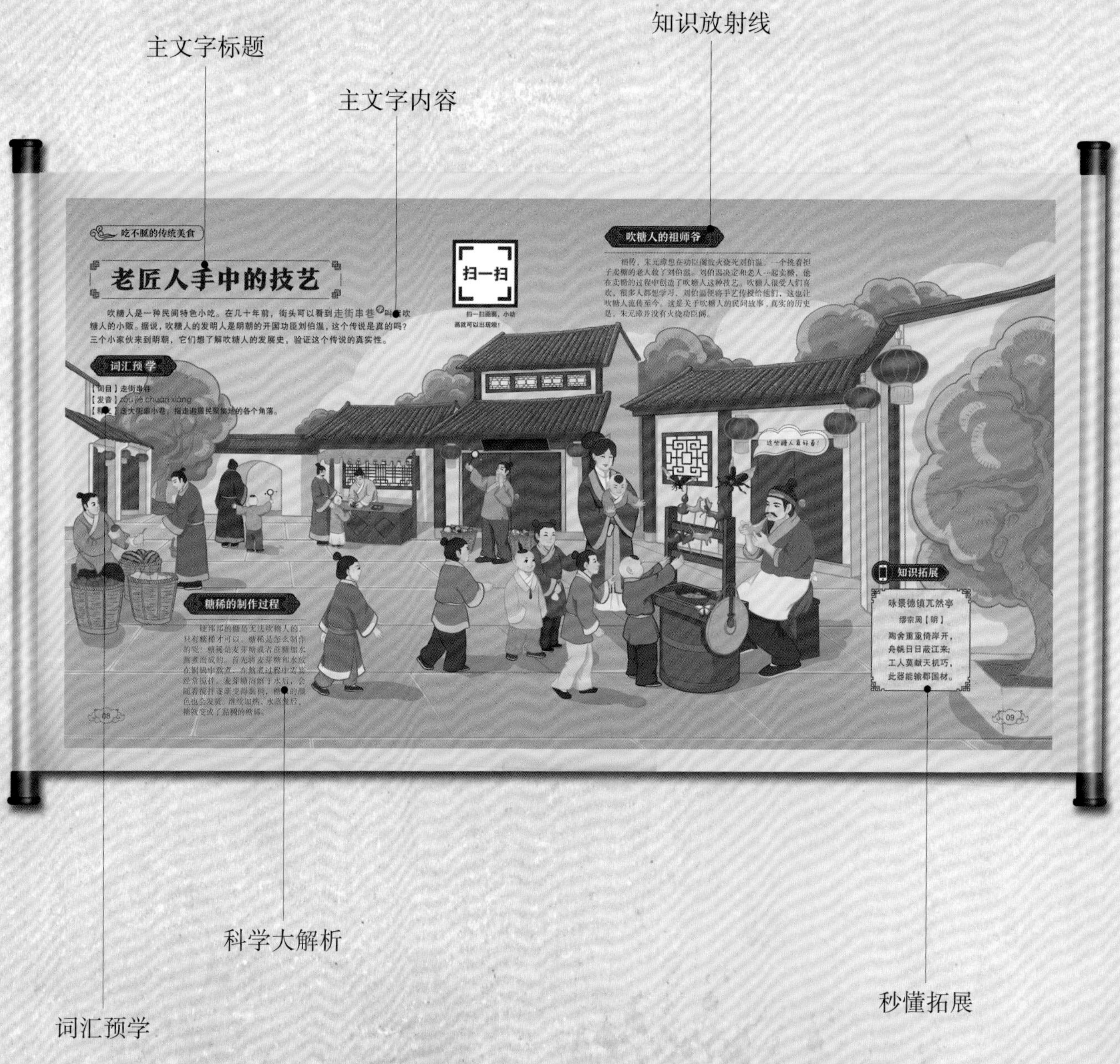

主文字标题
主文字内容
知识放射线
吃不腻的传统美食
老匠人手中的技艺
扫一扫
吹糖人的祖师爷
词汇预学
糖稀的制作过程
知识拓展
咏景德镇兀然亭
缪宗周【明】
陶舍重重倚岸开，
舟帆日日蔽江来；
工人莫献天机巧，
此器能输郡国材。
科学大解析
秒懂拓展
词汇预学

软件操作说明

根据设备类型扫描图书相应的二维码标识，进入界面下载《小科普大文化》的 App 应用，打开 App 应用即可进入应用界面。

进入应用界面，即可看见“有声读物”“沉浸式动画”“拼图游戏”三个互动内容。点击按钮，即可进入相应互动界面。

有声读物：用手机 App 选择有声读物，扫描带有“扫一扫”图标的界面，打开界面后，点击瓢虫即可听到真人语音阅读。

沉浸式动画：App 中附带四个场景动画，点击选择要看的动画图标，即可观看生动、有意境的动画内容。

拼图游戏：App 中附带四个有趣的场景拼图游戏，在互动中感受中华传统文化，也可以帮助开发孩子智力，培养动手能力。

前情提要

胖老仙儿是一只来自国外的小昆虫，因为喜欢中国传统文化，不远万里来到中国。在中国，胖老仙儿认识了七星瓢虫七小星和美凤蝶小凤蝶，七小星和小凤蝶带着胖老仙儿四处游玩，给它讲了很多有趣的中国传统文化知识。在七小星与小凤蝶的引领下，胖老仙儿对中国传统文化更感兴趣了，但接触到的事物实在是太多了，胖老仙儿还需要慢慢消化这些知识。

在听七小星与小凤蝶讲解的同时，胖老仙儿也会用它曾经学到的科学知识来解释一些现象。这一路，几只小昆虫在彼此身上学到了很多！

寻古冒险

本书搜寻了很多中国人文景观和历史遗迹。这些古迹将带给小读者们优美、大气、恢宏的体验。同时，古遗址、古镇、古建筑中蕴藏的人类智慧，将激发读者想象空间，让小读者们在轻松的氛围中了解中国传统文化与科学知识，真正做到了在小科普中了解大文化。

探秘自然

本册图书记录了自然界中存在的现象，以及与这些现象有关的传说。天空、陆地、海洋……大自然给我们带来了无与伦比的美丽奇观，中国古代人用他们的聪明、浪漫赋予了这份美丽更多的神奇，这是属于中国人自己的文化瑰宝。小读者们在听故事的同时，还能学到其中的科学原理，寓教于乐，学习效果更好。

古代发明

中国人民自古就独具匠心，善于发明。本册图书列举了我国古代的许多伟大发明，同时，侧重介绍了中国五千年历史中的重要发明。阅读本书，小读者们将在小小的绘本里，了解中国作为一个文明古国的发展之路，在感受祖先智慧结晶的同时，激发自身的创造能力。

传统美食

本册图书就像是三只小昆虫探索中国美食的日记，书中将三个小家伙的飞行经历和中国美食文化创意相结合，在介绍美味食物的同时，融入我国的饮食文化细节，让小读者们在读绘本的同时，充分吸收知识，了解祖国的人文历史。

主角介绍

中国的七星瓢虫七小星、美凤蝶小凤蝶和来自国外的独角仙胖老仙儿原本是三只本不相干、没有交集的昆虫，它们因为对中国传统文化的热爱和对知识的渴望聚在了一起。七小星是一只果敢无畏的七星瓢虫，小凤蝶是一只娇小美丽且胆子非常小的美凤蝶，胖老仙儿则是一只胖胖的、鬼点子非常多的外国昆虫。它们共同飞行，游历中国的名山大川，了解中国的古迹、中国的大自然、中国的古发明、中国的美食，在这个过程中为小读者们讲述有趣的中国传统文化故事，解析科学理论。相信这套跨界融合、颠覆刻板的科普图书，能给小读者们创造一个全新的思考空间！

目录

老匠人手中的技艺

扫一扫

扫一扫画面，小动画就可以出现啦！

吹糖人是一种民间特色小吃。在几十年前，街头可以看到走街串巷[学]叫卖吹糖人的小贩。据说，吹糖人的发明人是明朝的开国功臣刘伯温，这个传说是真的吗？三个小家伙来到明朝，它们想了解吹糖人的发展史，验证这个传说的真实性。

词汇预学

【词目】走街串巷
【发音】zǒu jiē chuàn xiàng
【释义】走大街串小巷，指走遍居民聚集地的各个角落。

糖稀的制作过程

硬邦邦的糖是无法吹糖人的，只有糖稀才可以。糖稀是怎么制作的呢？糖稀是麦芽糖或者蔗糖加水熬煮而成的。首先将麦芽糖和水放在铜锅中熬煮，在熬煮过程中需要经常搅拌。麦芽糖溶解于水后，会随着搅拌逐渐变得黏稠，糖水的颜色也会发黄。继续加热，水蒸发后，糖就变成了黏稠的糖稀。

吹糖人的祖师爷

相传，朱元璋想在功臣阁放火烧死刘伯温。一个挑着担子卖糖的老人救了刘伯温。刘伯温决定和老人一起卖糖，他在卖糖的过程中创造了吹糖人这种技艺。吹糖人很受人们喜欢，很多人都想学习，刘伯温便将手艺传授给他们，这也让吹糖人流传至今。这是关于吹糖人的民间故事，真实的历史是，朱元璋并没有火烧功臣阁。

知识拓展

咏景德镇兀然亭

缪宗周【明】

陶舍重重倚岸开，
舟帆日日蔽江来；
工人莫献天机巧，
此器能输郡国材。

甜面酱的美味秘诀

甜面酱是最适合烤鸭的调味料，它的味道很特别。为什么甜面酱能拥有甜、鲜、咸味呢？它的甜味来自发酵过程中产生的麦芽糖、葡萄糖等物质，鲜味来自蛋白质分解产生的氨基酸，咸味来自加入的食盐。

知识拓展

惠崇春江晚景

苏轼【宋】

竹外桃花三两枝，
春江水暖鸭先知。
蒌蒿满地芦芽短，
正是河豚欲上时。

词汇预学

【词目】享誉
【发音】xiǎng yù
【释义】享有盛誉。

北京烤鸭的祖师爷

北京烤鸭被誉为“天下美味”，是一道享誉[学]全球的中国国菜。三个小家伙想了解北京烤鸭的来历，于是它们来到了明朝的皇宫。朱元璋可能是历史上最爱吃鸭子的皇帝，据说他每天都要吃一只鸭子。为了讨好朱元璋，厨师不断改良鸭肉的做法，他们研制出叉烧烤鸭和焖炉烤鸭，这两种烤鸭正是北京烤鸭的前身。

来自南京的北京烤鸭

北京烤鸭是外国人来北京必吃的名菜，它最先起源于南京。故事要从明朝说起，朱元璋成为皇帝后，定都南京。朱元璋酷爱吃鸭，厨师为他创新研制出烤鸭。朱元璋去世后，他的儿子燕王朱棣从朱允炆手里夺得了帝位，并将都城迁到北京。烤鸭技术也随之传到北京，并得以进一步发展，随着时间流逝，名称也改为“北京烤鸭”。

喝不惯的酸豆汁儿

酸豆汁儿是北京人常吃的传统早点，它是用绿豆残渣发酵后做成的，颜色呈灰绿色。人们对酸豆汁儿口味的评价呈两极分化[学]状态，爱喝酸豆汁儿的人认为它美味可口，喝着很上瘾；不爱喝的人闻一下都受不了。三个小家伙来到老北京的酸豆汁儿摊，它们想品尝一下这种特殊的美食。

被称为"贫民食物"的酸豆汁儿

酸豆汁儿是用制造绿豆粉丝的边角料，加以发酵而成的。酸豆汁儿的价格非常便宜，因此备受百姓喜爱。旧时，酸豆汁儿有两种叫卖方法：一种是由小贩走街串巷地叫卖，食客拿着碗端回家去喝；另一种是在庙会集市，小贩摆上豆汁儿摊和餐桌，豆汁儿摊上除了售卖酸豆汁儿外还会附赠一点儿咸菜，食客就坐在餐桌上食用。

绿豆的丰富营养

酸豆汁儿的原材料是绿豆。绿豆含有水苏糖和棉籽糖，它们可被肠道双歧杆菌等有益菌利用，促进肠道蠕动，加快排便和消化。绿豆皮富含黄酮化合物，它具有抗氧化、调节毛细血管通透性、改善微循环等功效。绿豆也可以解毒，绿豆蛋白质能保护胃肠黏膜。

知识拓展

七步诗

曹植【三国·魏】

煮豆燃豆萁，豆在釜中泣。
本是同根生，相煎何太急？

词汇预学

【词目】两极分化

【发音】liǎng jí fēn huà

【释义】两极分化指团体、思想、体系或势力等分成两个对立面，或者是指原来合在一起的常常发生冲突的团体或势力向相反的极端集中，还可以指分成两个集中于相反极端的部分。

北京城的烟火味儿

每个地方的饮食习惯都不一样，就连火锅各地的吃法也大不相同。北京人最常吃的火锅是铜锅涮肉，三个小家伙也爱吃热乎乎的铜锅涮肉。铜火锅的外形与四川火锅不同，铜火锅的上方有一个长筒状的烟道，可以排出炭火燃烧产生的烟。火锅锅具的原料是铜，铜的导热性好，升温快，能快速达到涮熟肉的目的。

词汇预学

【词目】涮
【发音】shuàn
【释义】1. 把手或东西放在水里摆动使干净。
2. 把水放在器物里面摇动，将器物冲洗干净。
3. 把肉片等放在开水里烫一下就取出来蘸佐料吃。
4. 耍弄；骗。

木炭的燃烧

木炭在燃烧时会产生两种气体：一种是木炭与氧气完全燃烧后产生的二氧化碳；一种是不完全燃烧时产生的有毒气体——一氧化碳。一氧化碳在血液中极易与血红蛋白结合，让血红蛋白丧失携带氧气的能力，严重时会导致人死亡。在使用炭火时，需要保证空气的流通，不能在密闭的环境中燃烧木炭。

北京城的火锅盛宴

铜锅涮肉是秋冬季节，老北京城特有的食物，清朝的皇帝也会用铜锅涮肉来宴请群臣和百姓。千叟宴是清朝特有的宴席，皇帝会邀请许多长寿的老人一同饮食。据说，乾隆皇帝很爱吃火锅，他曾举办过一次专门吃火锅的千叟宴，全席有火锅 1550 余个，应邀品尝者达 5000 余人，这也是历史上最大的一次火锅盛宴。

驴真的打滚了吗

三个小家伙从来都禁不住美食的诱惑，胖老仙儿尤为对驴打滚情有独钟。驴打滚缘起于承德，盛行于北京。驴打滚在东北地区被称为豆面卷，北京称驴打滚，是在 200 多年前从黏食中演变出来的一种大众化小吃。能在宫廷里品尝御膳房的驴打滚，那可真是不虚此行了。胖老仙儿与七小星看着眼前的黄豆面偷偷地吃了一口，真让它们回味无穷[学]。

黄豆是怎样变成豆面的

黄豆面是驴打滚的核心材料，黄豆面是如何制作的呢？首先将黄豆烤熟或炒熟，然后用粉碎机将黄豆碎成粉，同时与糖混合在一起。黄豆变为黄豆面后，其营养成分更便于吸收，而且黄豆加热和粉碎后，黄豆的香味更浓郁，更方便消化了。黄豆面不仅可以给糕点增香，可以与热水混合成速溶豆浆，营养价值很高。

慈禧与驴打滚

传说慈禧太后吃腻了宫里的美食，御膳房的大厨们便想要为她做一道名为米粉红豆沙的甜点，就在做好后端给慈禧太后时，被一个名叫小驴儿的太监不小心撒上了黄豆面，由于时间的关系，来不及做新的，只好端了上去，慈禧太后吃过之后，感觉甚是美味，问甜点叫什么名，大厨想到太监的名字，便脱口而出"驴打滚"。此后，驴打滚便作为宫廷美食闻名于世。

词汇预学

【词目】回味无穷
【发音】huí wèi wú qióng
【释义】回味：食物吃过后的余味，穷：尽。回味无穷形容事过之后，回想起来越发觉得很有意味。

知识拓展
归园田居·其三
陶渊明【晋】
种豆南山下，草盛豆苗稀。晨兴理荒秽，带月荷锄归。
道狭草木长，夕露沾我衣。衣沾不足惜，但使愿无违。
听说，日本烤年
糕也会蘸黄豆面。
黄豆面闻起
来甜甜的。

蒙古族盛宴烤全羊

我国食用羊肉有相当长的历史，据说，“窑[学]”这个字源于古代烧羊制佳肴的“穴”。这次，三个小家伙来到了元代品尝烤全羊，感受羊的全新吃法。烤全羊是蒙古族的传统名菜，是招待贵宾或举行重大庆典时特制的菜肴。烤全羊的做法在元代发展得更为成熟，制作过程复杂讲究。清朝时，各地的蒙古族王府都以烤全羊来招待上宾。

词汇预学

【词目】窑
【发音】yáo
【释义】1. 烧制砖瓦陶瓷等物的建筑物。
2. 土法生产的煤矿。
3. 窑洞，在坡上挖成的供人居住的洞。
4. 姓。

知识拓展

田园乐七首·其四

王维【唐】

萋萋春草秋绿，落落长松夏寒。
牛羊自归村巷，童稚不识衣冠。

烤全羊的制作

献哈达、烤全羊、弹奏马头琴，是蒙古族招待贵宾的礼节，其中烤全羊让很多游客印象深刻。地道的烤全羊，一般选择40斤左右的绵羊制作。将羊处理干净后，加葱、姜、盐等佐料腌制，腌制一段时间后，放在烤炉中，烤至羊皮黄红，即可食用，入口鲜嫩酥脆，美味至极。

热传导现象

烤全羊是如何烤熟的？这与热传导有关。热传导指的是热能从高温向低温部分转移的过程。只要在物体内或者两个物体之间存在温度差，那么就会发生传热现象。如炒菜时，铁锅将热传递给菜；量体温时，身体将热传递给温度计。热传导现象在固体、液体、气体中均可以发生，但严格意义上，只有在固体中才是纯粹的热传导。

词汇预学

【词目】地道
【发音】dì dao
【释义】1. 真正是有名产地出产的。
2. 真正的；纯粹的。
3.（工作或材料的质量）实在；够标准。

全国最多的面馆

西式快餐有汉堡、比萨，中式快餐有什么呢？兰州拉面、沙县小吃、黄焖鸡米饭被称为中国快餐界的“三巨头”，也是中国数量较多的民间小吃。这次，三个小家伙来到了兰州，想要品尝这里地道的兰州拉面。在兰州，本地人将兰州拉面叫作“兰州牛肉面”。兰州牛肉面的风味独特，曾得到“中华第一面”的美誉。

中华第一面

兰州牛肉面始创于200年前，创始人是国子监学生陈维精，他非常擅长制作美食，他将这种美食传授给了同窗好友马六七。马六七将拉面带到兰州，很受当地人喜爱。后来，兰州牛肉面经过一位叫马耀山的厨子的改良，以一清（汤清）、二白（萝卜白）、三红（辣椒油红）、四绿（香菜、蒜苗绿）、五黄（面条黄亮）统一了兰州牛肉面的标准，赢得了国内乃至全世界食客的好评。

面条起源于中国

面条是我国的传统食物，我国约有2000多种面条的做法，各个地方都拥有不同特色的面条，山西省被称为“面条之都”，而刀削面是山西最具代表性的面食，已有数百年的历史了，其制作方法堪称“天下一绝”。

知识拓展
过土山寨
黄庭坚【宋】
南风日日纵篙撑，时喜北风将我行。
汤饼一杯银线乱，蒌蒿如箸玉簪横。

端午节，包粽子

端午节到了，三个小家伙特地来到春秋时期，美味的粽子让它们大快朵颐学。粽子是中华民族传统的节庆食物之一，有咸口的肉粽，也有甜口的红枣粽。据说，粽子早在春秋时期之前就已出现。民间传说称，吃粽子是为了纪念屈原。屈原是中国历史上有名的爱国诗人，他投江自尽后，百姓为了避免河中的鱼虾啃咬屈原的遗体，于是喂给鱼虾很多的粽子。

粽子的做法

粽子有很多种形状，也有很多种包法，最常见的是四角粽子，它的做法如下：首先，准备新鲜的粽叶和浸泡一夜的糯米；其次，取一片粽叶，在1/3处折成锥形；再次，填1~3勺糯米进去，将粽叶的其余部分翻折过来，将锥形部分完全盖住；最后，用绳线绑好，粽子就做好了，做好的粽子用水煮熟即可食用。

词汇预学

【词目】大快朵颐
【发音】dà kuài duǒ yí
【释义】朵颐：鼓动腮颊，即大吃大嚼。痛痛快快地大吃一顿。

知识拓展

乙卯重五诗

陆游【宋】

重五山村好，榴花忽已繁。
粽包分两髻，艾束著危冠。
旧俗方储药，羸躯亦点丹。
日斜吾事毕，一笑向杯盘。

糯米的黏性

普通大米与糯米都含有淀粉，淀粉分为直链淀粉与支链淀粉。淀粉与水加热后会发生糊化现象，使食物具有黏性。支链淀粉比直链淀粉更易糊化。食物中支链淀粉含量是食物黏度的关键。支链淀粉含量越高，食物越黏。糯米中支链淀粉的含量较高，因此黏性较强。

重庆的麻辣火锅

三个小家伙来到了重庆，它们将品尝重庆的麻辣火锅。重庆火锅兴起于 20 世纪 20 年代，小贩挑着火锅担子在码头附近售卖。小贩会精选毛肚等食物，清洗干净后放在担子的一侧，担子的另一侧装着分格的大铁锅，锅中沸腾学着一锅又辣又咸的卤汁。食客可以挑选自己喜欢的菜，在卤汁中烫熟食用，这种方式深受百姓喜爱，后来经过不断发展变成了现在的火锅。

词汇预学

【词目】沸腾

【发音】fèi téng

【释义】1. 液体达到一定温度时急剧转化为气体，产生大量气泡。

2. 形容情绪高涨。

3. 形容喧嚣嘈杂。

皮肤为什么会感到“辣”

一般而言，食物的酸甜苦只有吃到嘴里才能感觉到，但是只要将辣椒抹到手上就能有“辣”的感觉。人为什么对辣如此敏感呢？这是因为辣不属于味觉，我们的口腔并没有辣味感受器，对应的是痛觉感受器。辣味实际上刺激的是我们的痛觉，它会产生灼烧感，我们需要大量喝水来缓解。痛觉感受器不只存在于嘴里，也存在于皮肤上。当皮肤触及辣椒时，皮肤也会“辣辣的”。

知识拓展

记小圃花果二十首·其一

刘克庄【宋】

丛生山上下，影在月中央。
受性老弥辣，开花晚更香。

“滚烫”的火锅

人们吃火锅时，一般都是趁热捞出吃掉。但是这样的饮食方法健康吗？其实过烫的食物对我们的口腔和食道是有害的。研究表明，口腔、食道、胃黏膜一般只能耐受 50~60℃，而火锅最烫时能达到 120℃。如果食物在火锅中烫熟即食用，这种高温就会烫伤口腔、食道及胃黏膜，严重的话可能导致这些消化器官出现炎症或溃疡。因此，在吃火锅时，建议夹到盘子里稍微凉一会儿再食用，避免造成消化道损伤。

粗犷的毛血旺

在重庆方言中，“毛”是粗犷、马虎的意思。毛血旺的诞生也与粗犷学的制作方法有关。很久以前，有一位姓王的屠夫，他每天都会把杂碎低价处理，他的妻子认为这很浪费。于是，王屠夫的妻子用边角料，开起了杂碎汤小摊。一次偶然中，王屠夫的妻子发现，将新鲜的猪血旺放入杂碎中一起炖煮，猪血旺更好吃……这就是最原始的毛血旺。三个小家伙也很爱吃。

词汇预学

【词目】粗犷
【发音】cū guǎng
【释义】1. 粗野；粗鲁。2. 粗豪；豪放。

知识拓展

春日

朱熹【宋】

胜日寻芳泗水滨，无边光景一时新。
等闲识得东风面，万紫千红总是春。

血的凝固

血液从流动的液体变成固态胶冻状物的过程，被称为血液凝固。血液凝固是凝血因子参与的一系列蛋白质有限水解的过程。血液凝固有四个基本步骤：凝血酶原激活物形成、凝血酶形成、纤维蛋白形成、纤维蛋白溶解。其中，血液凝固的关键过程是血浆中的纤维蛋白原转变为不溶的纤维蛋白。多聚体纤维蛋白交织成网，将很多血细胞网罗其中形成血凝块。

吃辣椒的“快乐”

辣椒素是辣椒的活性成分。它对哺乳动物包括人类都有刺激性，并可在口腔中产生灼烧感。辣椒素和与其相关的一些化合物并称为辣椒元，它们是辣椒产生的次级代谢产物。人吃了辣椒产生灼烧感，大脑在接收到这种信号后，会本能地认为我们被灼伤，就开始释放内啡肽，让人有愉悦的感觉。

元宵节吃汤圆

热闹的元宵佳节，三个小家伙来到了明朝，它们想感受古代元宵节的气氛。大街上每家店铺都挂着元宵花灯，灯光璀璨夺目[学]。花灯上挂着字谜，店主说只要猜对字谜就可以免费拿走花灯。小凤蝶凭借着聪明的头脑，拿走 3 盏花灯，并给七小星和胖老仙儿各分了一个。它们走走停停，最终停在一家汤圆店前，开始品尝美味的汤圆。

词汇预学

【词目】璀璨夺目
【发音】cuǐ càn duó mù
【释义】璀璨：形容珠玉等光彩鲜明。夺目：（光彩）耀眼。璀璨夺目形容光辉灿烂耀人眼睛。

知识拓展

上元竹枝词

符曾【清】

桂花香馅裹胡桃，
江米如珠井水淘。
见说马家滴粉好，
试灯风里卖元宵。

汤圆 VS 元宵

元宵佳节，北方人食元宵，南方人食汤圆。汤圆和元宵外表相似，都是又白又圆，但是两者的做法却大不相同。元宵一般只用素的固体甜味馅料，如红豆馅、芝麻馅，将其和匀，摊成薄厚适度的大饼晾晒，然后切成小块，蘸水后在糯米粉中反复滚圆至大小合适，它的表面是干的；汤圆馅料有荤有素，先把糯米粉和成面团，像包饺子一样将馅料包入再揉圆，口感更细腻。

乌发、润发的黑芝麻

在众多的汤圆馅儿中，黑芝麻馅儿深受大众喜爱。科学研究表明，黑芝麻提取物对细胞增殖、黑色素生成和酪氨酸酶活性均有激活作用。黑芝麻能够促进黑色素的合成，有让白头发变黑的功效。

广式喷汤牛肉丸

广式喷汤牛肉丸是一道名小吃，它在民间还有个称呼叫“撒尿牛丸”。喷汤牛肉丸的口感香而不腻[学]，咬开的瞬间会爆汁，而且非常有弹性。三个小家伙很好奇，喷汤牛肉丸是怎样制成的呢？它们发现商家在制作时会用两根特制的铁棒，大力敲打牛肉，直到牛肉变成肉泥。听说，这样制成的牛肉丸甚至可以用来当乒乓球。

为什么会爆汁

喷汤牛肉丸为什么会爆汁呢？人们是如何将“汤”放在牛肉丸里的呢？其实这与水的形态有关，液态的水是流动的，很难包裹在肉馅中。人们转换水的形态，把汤汁冻成固态，然后将固态的汤汁分成数个小块，分别包裹在肉馅中。煮牛肉丸时，冰冻的汤汁因为升温逐渐化开，重新变成流动的汤汁。这样食客一咬就会喷出汤汁。

牛肉的变质

为了防止牛肉变质，人们将牛肉捶打成肉泥，加入盐制作成肉丸来储存。为什么牛肉会变质呢？因为牛肉具有丰富的营养，不仅人爱吃，微生物也爱“吃”。微生物利用牛肉的营养大量繁殖，造成污染，并加快脂肪的氧化，最终导致牛肉的腐败变质。肉在腐败变质后，就不能食用了。

词汇预学

【词目】腻
【发音】nì
【释义】1. 食品中油脂过多。
2. 因食品中油脂过多而使人不想吃。
3. 腻烦；厌烦。
4. 润泽细致。
5. 积垢。
6. 黏。

知识拓展

破阵子·为陈同甫赋壮词以寄之

辛弃疾【宋】

醉里挑灯看剑，梦回吹角连营。
八百里分麾下炙，五十弦翻塞外声。沙场秋点兵。
马作的卢飞快，弓如霹雳弦惊。
了却君王天下事，赢得生前身后名。可怜白发生！

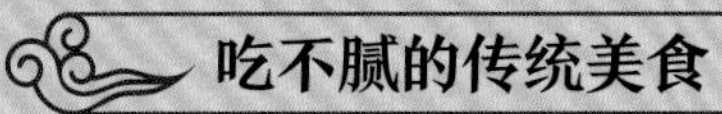

天津三绝之耳朵眼炸糕

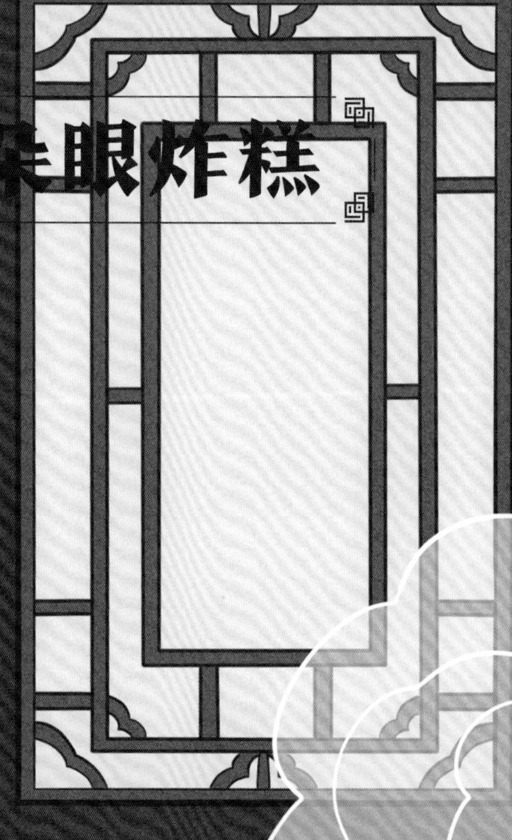

天津有三绝，分别是“狗不理包子”“十八街麻花”“耳朵眼炸糕”。三个小家伙今天准备品尝耳朵眼炸糕，于是它们找到了创始人刘万春开设的小铺。耳朵眼炸糕起源于晚清光绪年间，当时，小铺的主人刘万春推着独轮车走街串巷，卖炸糕攒学够钱后便开设了小店，店铺在耳朵眼胡同旁边，所以炸糕被称为“耳朵眼炸糕”。

耳朵眼炸糕太美味了！

金灿灿的炸糕

耳朵眼炸糕的面皮是用糯米做的，糯米中含有大量淀粉，淀粉在油炸过程中碳化，使表皮呈现微黄色。但若是油炸过久会导致碳化程度加深，就会变为黑色。另外，在高温下，食物容易发生美拉德反应。美拉德反应是还原糖类与氨基酸、蛋白质之间的反应，它们反应会生成棕色的大分子物质——类黑精，类黑精也会导致食物颜色加深。

词汇预学

【词目】攒
【发音】zǎn
【释义】积聚；储蓄，如攒钱。

知识拓展

早春呈水部张十八员外·其一

韩愈【唐】

天街小雨润如酥，草色遥看近却无。
最是一年春好处，绝胜烟柳满皇都。

谐音中的好彩头

耳朵眼炸糕的畅销不仅是因为食物味美，也与“糕”有关。糕读起来和“高”的发音一样，有步步高升的吉祥寓意。人们喜欢在过生日、办喜事、摆寿宴时，购买耳朵眼炸糕。此外，日常的食物中，也有很多谐音带来的好彩头，年夜饭的鱼，代表着年年有余。过年时的橘子和橙子，代表着吉祥和成功。

知识拓展

金山晚眺

秦观【宋】

西津江口月初弦，
水气昏昏上接天。
清渚白沙茫不辨，
只应灯火是渔船。

水蒸气烫伤

在厨房做菜时，如果将手靠近电饭煲的出气口，很容易被水蒸气烫伤。水蒸气烫伤要如何处理呢？首先应在烫伤的第一时间用冷水冲洗，至少冲洗 15 分钟，冲洗至无灼热疼痛后，将创面擦干，注意不要压迫创面。烫伤后不要随意使用药膏。如果伤情严重，应及时前往医院。

天津三绝之狗不理包子

天津三绝之首是狗不理包子。听到这个名字，三个小家伙非常好奇……这个包子很难吃吗？难道狗都不爱吃？其实狗不理包子与狗没有任何关系。狗不理包子的创始人高贵友，乳名叫作“狗子”。高贵友在卖包子和做包子的时候都专心致志[学]，不理会旁人，因此大家把他做的包子称为“狗不理包子”。

水的比热容

比热容是热力学中常用的一个物理量，用来表示物体吸热或散热的能力。比热容越大，物体的吸热或散热能力越强。水中的氢键让水的比热容较大，这种特点也影响了气候。在太阳照射条件相同时，白天沿海地区比内陆地区升温慢，夜晚沿海地区降温也慢。

词汇预学

【词目】专心致志
【发音】zhuān xīn zhì zhì
【释义】一心一意；集中精神。

正蓝旗奶豆腐

蓝蓝的天空，悠悠的白云，一望无际的草原……今天，三个小家伙来到内蒙古的正蓝旗继续进行美食之旅。正蓝旗是内蒙古中部的一个旗（县级），这里盛产奶豆腐。奶豆腐是用牛奶发酵学而成的特色食品，它形似豆腐，尝起来奶香浓郁，酸甜爽口。据说，正蓝旗奶豆腐从清朝康熙年代起，一直是皇室偏爱的贡品，它究竟有怎样的魅力呢？

巴氏灭菌法

从牛身上获得的生牛奶可以直接喝吗？答案是否定的。生牛奶含有大量微生物，有些微生物会对人体造成损害，因此不能直接饮用，必须经过消毒或者煮沸才能饮用。巴氏灭菌法是常用的牛奶消毒方法，它利用较低的温度进行消毒，既可杀死细菌，又能保持食物的营养物质和风味不改变。

词汇预学

【词目】发酵
【发音】fā jiào
【释义】1. 复杂的有机化合物在微生物的作用下分解成比较简单的物质。
2. 比喻事态持续发展。

神奇的发酵

在奶豆腐的制作过程中，发酵是最重要的工艺。发酵是一种复杂的生物化学反应，人们用发酵让食物产生化学、物理变化，继而获得想要的代谢产物。如用小麦发酵产生啤酒，用麦芽发酵产生麦芽糖等。发酵受温度、湿度、时间等因素影响，任何一个环节出现操作不当，都会影响到成品的口味，甚至导致制作失败。

知识拓展

赋得古原草送别

白居易【唐】

离离原上草，一岁一枯荣。
野火烧不尽，春风吹又生。
远芳侵古道，晴翠接荒城。
又送王孙去，萋萋满别情。

宋朝美食家——苏东坡

苏轼，号东坡居士，是我国宋朝著名的文学家、书法家，他历经坎坷^学，却保有乐观的心态。苏轼爱好美食，因为爱吃猪肉，还写下《猪肉颂》一词。

猪肉是百姓餐桌上常见的肉类，它有许多种做法。千年前，猪肉并不受欢迎，有钱的人不爱吃，没钱的人不知道做法。直到苏轼改良猪肉的做法后，猪肉才开始慢慢流行起来，人们也因此以他的名字命名这道菜肴。三个小家伙来到苏轼家，观察苏轼制作东坡肉的过程。

词汇预学

【词目】坎坷
【发音】kǎn kě
【释义】1. 形容道路、土地坑坑洼洼。
2. 形容经历曲折，不得志。

知识拓展

游山西村

陆游【宋】

莫笑农家腊酒浑，丰年留客足鸡豚。
山重水复疑无路，柳暗花明又一村。
箫鼓追随春社近，衣冠简朴古风存。
从今若许闲乘月，拄杖无时夜叩门。

苏轼与东坡肉

苏轼爱吃猪肉，他生活在黄州时，便已摸索出猪肉的很多做法。后来，苏轼被贬到徐州，为了避免太湖泛滥造成水灾，苏轼组织当地百姓一起提早修建了堤坝，免除了水患。因此，当地百姓都很感谢苏轼。当地百姓知道苏轼爱吃猪肉，便在过年时赠送苏轼大量猪肉。苏轼不好意思收下这些礼物，便让家里人将猪肉做成东坡肉，送还给百姓。百姓认为东坡肉很好吃，都来学习做法，东坡肉因此流传开了。

挥发作用

为什么食物在熬煮的过程中会散发香味？这是因为食物中的有机物（如卤代脂肪烃和芳香烃）极具挥发性，它们很容易由固态物转为气态物。有机物溶解在水中转换为气态的过程，被称为挥发作用。环境的湿度和温度都会影响挥发过程的进行，挥发的速度与溶解的有机物浓度成正比，一般浓度越高，挥发也会越快。

吃不腻的传统美食

朱元璋的毛豆腐

在我们的认知中，发霉的食物是不能食用的，如果食物变质长毛，必须得丢掉，但明朝的朱元璋，却用“发霉”的豆腐来犒赏[学]三军，这是为什么呢？三个小家伙为寻求答案来到朱元璋的家里。朱元璋是一个贫民出身的皇帝，他非常节俭，看到豆腐长毛也不舍得丢弃，便让厨师用油炸后制成菜品，食用后却意外发现长毛的豆腐更鲜美。

知识拓展

凉州词二首·其一

王翰【唐】

葡萄美酒夜光杯，欲饮琵琶马上催。
醉卧沙场君莫笑，古来征战几人回？

白色茸毛的形成

毛豆腐是徽州地区汉族的传统名菜，以人工发酵法，使豆腐表面生长出一层白色的毛。发酵方法：把稍硬的鲜豆腐切成条块，每块厚约 3 厘米，宽约 7 厘米，长约 13 厘米，将它置于过滤过的豆腐水中浸泡几小时，然后捞起平放于竹篮或木筐里，上面少量地撒上一层细盐，最后用厚布或木板盖起来置于阴凉干燥处，时隔五六天，豆腐表面就会长出白色的毛。

词汇预学

【词目】犒赏
【发音】kào shǎng
【释义】以财物或食物慰劳、鼓励。

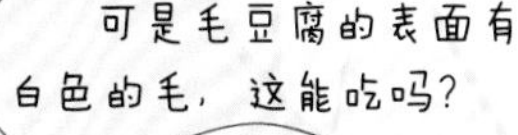

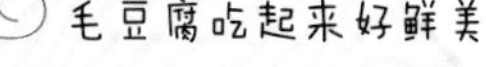

鲜味的来源

为什么长毛的豆腐更鲜美？这是因为豆腐在长毛的过程中，蛋白质发酵分解成多种氨基酸。氨基酸正是鲜味的来源，大多数的氨基酸都富含鲜味。

过年食腊肉

每到过年，几乎各家各户的餐桌上都会有腊肉、腊鱼或者腊肠等腌制[学]食物，这些也是过年的特色食物。三个小家伙今天来到农家小院，它们将在这里品尝腊肉，并弄懂盐的作用。腊肉是腌肉的一种，它的味道非常香，而且用盐腌制利于保存。腊肉最早在四川流行，历史上多位名人，如汉宁王和慈禧太后，都很喜欢吃腊肉。

腌制腊肉为什么要用盐呢?

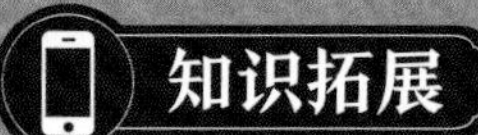

鹧鸪天·咏枨

曹勋【宋】

枫落吴江肃晓霜。洞庭波静耿云光。
芳苞照眼黄金嫩，纤指开新白玉香。
盐胜雪，喜初尝。微酸历齿助新妆。
直须满劝三山酒，更喜持杯云水乡。

盐的腌制功能

用盐腌制肉品，可以起到杀菌消毒的作用。这是因为用盐腌制肉类时，盐会吸收水分来有效地杀死某些类型的细菌。所有活细胞都会通过渗透来吸水，吸水过程中水会从细菌中分离出来，以平衡细胞膜两边的盐浓度。在没有水的状态下，最终细菌会停止繁殖，甚至死亡。

词汇预学

【词目】腌制

【发音】yān zhì

【释义】把鱼、肉、蛋、蔬菜、果品等加上盐、糖、酱、酒等，放置一段时间使入味，制成食品的方法。腌制是保存食物的一种非常有效的方法。

过年食腊肉

腊肉一般在小雪节气前后腌制，在腊月食用。四川的腊肉一般多用猪肉，北方也有用牛肉做腊肉的。腊肉腌制的方法很简单，最常见的腊肉做法如下：将肉清理干净后，擦干水，用食盐配以一定比例的花椒、茴香、八角、桂皮、丁香等香料，放在缸中腌制。7~15 天后，再用钩子挂起来，进行晾晒。

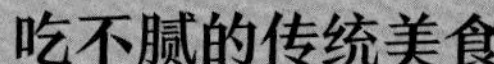

美味的蟹壳黄烧饼

乾隆每次下江南，都会留下与美食相关的故事，而其下江南时最爱吃的蟹壳黄烧饼，就是他在第一次下江南的时候发现的。三个小家伙很好奇，乾隆前往江南时，都是谁在接待他？乾隆在江南共花了多少钱？历史上，乾隆六次下江南都是由同一个人接待的，这个人就是有名的徽商江春，他被称为史上最牛徽商。乾隆六次下江南消费约 2000 万两白银，大部分是由江春支付的。

词汇预学

【词目】徽
【发音】huī
【释义】1. 表示某个集体或活动的标志；符号。
2. 美好的。
3. 指徽州（今安徽）。

螃蟹为什么横着走

每次在沙滩上看见螃蟹，螃蟹都是横着走的，为什么它不能竖着走呢？这与它的身体构造有关。螃蟹的胸部左右比前后宽，它们的腿长在身体两侧，螃蟹的前足关节只能向下弯曲，无法向外侧弯曲，因此，螃蟹只能横着走。螃蟹的内耳有一个定向小磁体，对地磁非常敏感，螃蟹可以依靠地球磁场来辨别方向，所以螃蟹即使横着走也不会迷路。

知识拓展

江南逢李龟年

杜甫【唐】

岐王宅里寻常见，崔九堂前几度闻。
正是江南好风景，落花时节又逢君。

江春大接驾

在江春接待乾隆的故事中，有两件事显示出江春的富裕。第一件事为一夜造白塔。乾隆在西湖游玩时，问西湖有无白塔可参观，江春说有，并在一夜间用盐堆出了一座白塔。第二件事是某次乾隆南巡，他为皇帝准备了 100 万两白银，用作奖赏沿途招待的人。为了推广徽菜，乾隆每次下江南，江春都会为他准备地道的徽菜，其中蟹壳黄烧饼最受乾隆喜爱。

西汉李广与老鸹撒

陕西被称为面食王国，有人统计，陕西的面食至少有50种。三个小家伙对陕西的面食很感兴趣，它们来到了汉朝，与名将李广一起品尝老鸹学撒。这是一种类似于面疙瘩的食物，但老鸹撒用的面疙瘩比传统的疙瘩更大，形状更特别。

鸟类定位声音

哺乳动物的外耳能帮助它们“听声辨位”。鸟类没有外耳，但也能通过声音的大小来判断声音所处的方位。鸟类如何用声音定位声源呢？科学家通过研究，发现了鸟类定位声音的奥秘。鸟类椭圆形的头部可以起到外耳的作用，声波冲击到鸟类头部的不同位置，会引起反射、吸收或折射等不同反应，鸟类根据各种反应实现“听声辨位”。

词汇预学

【词目】老鸹
【发音】lǎo gua
【释义】方言，乌鸦。

知识拓展

鸟鸣涧

王维【唐】

人闲桂花落，夜静春山空。
月出惊山鸟，时鸣春涧中。

西汉李广与老鸹撒

相传，老鸹撒的发明与李广有关。李广是西汉的名将，他骁勇善战，百战百胜。有一天，李广在打仗时候，丢失了所有的炊具，当士兵都为如何做饭而烦恼时，李广想出了一个新颖的办法，他命令士兵用头盔当锅子，用树枝当筷子，并将面团捏成两头尖中间圆的形状煮熟。士兵食用后体力恢复，打赢了这场战争。因面团的形状酷似乌鸦的头，这种面食被称为“老鸹撒”。这种食物制作起来很简单，因此受到百姓喜爱，得以流传。

有 200 年历史的臭鳜鱼

香非香，臭非臭，除了常见的臭豆腐外，还有一种臭味食物——臭鳜鱼让人欲罢不能[学]。三个小家伙今天准备品尝一下臭鳜鱼。它们来到200 年前徽州的一艘渔船上。渔船距离目的地还有 4 天的行程，为了防止鱼变质，很多鱼贩都把鳜鱼腌起来。鱼贩细心地用淡盐水抹满鱼的表面，防止鱼腐烂。这种用淡盐水腌鱼的方法，让鱼在数天后变成了有特殊臭味的臭鳜鱼，臭鳜鱼用油煎熟后非常美味。

词汇预学

【词目】欲罢不能
【发音】yù bà bù néng
【释义】想停止却不能停止。

臭鳜鱼鲜香的秘密

让臭鳜鱼和臭豆腐产生臭味的物质不同，但原理一样：发酵过程中，食物中的蛋白质被微生物分解，产生有鲜味的氨基酸，它们使食物变得鲜美。在乳酸菌和酵母菌的作用下，鱼肉也变得更加鲜嫩。在烹饪过程中，大部分臭味物质都挥发了，所以“闻着臭，吃着香”。

全世界最臭的食物

世界上有很多闻起来臭臭的食物，比如我们中国的臭鳜鱼、臭豆腐、螺蛳粉等。但这些食物都不是最臭的，世界上公认的最臭的食物，还属瑞典的传统美食——鲱鱼罐头。据说，鲱鱼罐头的臭味是纳豆的300倍。鲱鱼罐头的气味是恶臭中带着酸味，瑞典政府规定，食客不能在公开场合打开鲱鱼罐头，同时不能在国际航班上携带或托运鲱鱼罐头，可见其臭味的“杀伤力”。

知识拓展

渔歌子

张志和【唐】

西塞山前白鹭飞，
桃花流水鳜鱼肥。
青箬笠，绿蓑衣，
斜风细雨不须归。

象征团圆的月饼

圆圆的月亮天上挂，团圆的人们地上笑。又到一年一度的中秋佳节了，三个小家伙带着月饼来到宋朝，它们想看看千年前的月色。月饼是中秋节的节庆食物，最初是用来祭奉月神的祭品。最初的月饼并不是圆形的，而是像菱花[学]饼一样的饼形食品。明朝时，月饼的形状变成圆形，也多了团圆的寓意。

词汇预学

【词目】菱花
【发音】líng huā
【释义】1. 菱角的花。
2. 指菱花形的花纹。

扫一扫

扫一扫画面，小动画就可以出现啦！

古代人怎么做月饼

古代人做月饼和现代人做月饼的方法基本相同，都离不开模具。古代人的月饼模具是用实木制作的，木匠会在月饼模具上雕刻花纹。将包着馅料的面团放进去，用模具压实后脱模出来，再将月饼坯放在炉子上烘烤，或者蒸熟便制成了月饼。

十五月儿圆

月亮的阴晴圆缺，与地球、太阳、月亮的运动有关。我们都知道，地球围着太阳公转，月亮围着地球公转，三者的运动导致在观测时月亮出现不同的形态。当月亮与太阳的经度相差 180 度时，从地球上看，月亮与太阳处在正好相对的位置上，这时看到的是圆圆的月亮。由于月亮的转速有时快有时慢，因此，每个月出现圆月的时间都不一致，有时十五的月亮比较圆，有时十六的月亮比较圆。

知识拓展

静夜思

李白【唐】

床前明月光，
疑是地上霜。
举头望明月，
低头思故乡。

佛下凡跳墙了吗

作为美食大国，中国的各个地域都有自己的特色菜。这些特色菜可以按照烹饪技艺和风味，笼统[学]地分为八大菜系。其中，发源于福州的闽菜以淡爽鲜香闻名于世。今天，三个小家伙来品尝的闽菜是被誉为闽菜灵魂的佛跳墙，也是中餐中价格比较贵的一道菜。它不仅做法考究，而且用的食材也都很珍贵。

词汇预学

【词目】笼统
【发音】lǒng tǒng
【释义】概括而没有具体分析，不明确。

佛跳墙的由来

佛跳墙名字的由来，在福州民间流传三种传说，其中之一为：福建风俗，新媳妇出嫁后的第三天，要亲自下厨露一手茶饭手艺，敬奉公婆，以此博取赏识。有一位富家女，不习厨事，出嫁前夕愁眉不展，母亲便把家里的山珍海味都拿出来做成各式菜肴，一一用荷叶包好，教她烹饪技法 。谁知富家女竟把烧制方法忘记，情急下就把所有的菜一股脑儿倒进绍酒坛子里，盖上荷叶，撂在灶头。歪打正着，第二天浓香飘出，众人连赞好菜，“佛跳墙”因此而生。

扫一扫

扫一扫画面，小动画就可以出现啦！

知识拓展

新嫁娘词

王建【唐】

三日入厨下，洗手作羹汤。
未谙姑食性，先遣小姑尝。

昂贵的佛跳墙

佛跳墙是一道福建的名菜，它的制作方法十分复杂，成品至少需要十几个小时来炖煮。正宗的佛跳墙需要十几种昂贵的原材料，如鲍鱼、海参、鱼翅、牦牛皮胶、杏鲍菇、蹄筋、花菇、墨鱼、瑶柱等。这些食物需要经过泡发、焯水、蒸煮数个过程，最后才能一起用文火炖煮。佛跳墙虽然制作烦琐，但是食用口感软嫩柔润，令人回味无穷。

医圣张仲景与饺子

老人常说，冬至吃水饺不冻耳朵。为什么会有这样的习俗呢？三个小家伙决定拜访饺子的发明人张仲景，了解饺子背后的故事。张仲景被尊称为“医圣”，这不仅是因为他医术高超，更因为他仁心仁术学，乐于助人。

词汇预学

【词目】仁心仁术
【发音】rén xīn rén shù
【释义】心地仁慈，医术高明。

物体的密度

煮饺子时，你会发现一个有趣的现象：饺子刚下锅时会沉下去，饺子煮熟后会浮起来。这是为什么呢？这与饺子的密度有关。生饺子下锅时，它的平均密度远远大于水的密度，因此会沉下去；饺子煮熟后，它的体积变大了，饺子的平均密度变小，当饺子的平均密度小于水的密度时，饺子便处于漂浮状态。密度等于物体的质量除以体积，同等质量下，体积越大的物体密度越小。

知识拓展

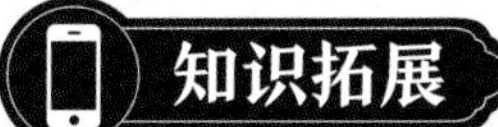

邯郸冬至夜思家

白居易【唐】

邯郸驿里逢冬至，
抱膝灯前影伴身。
想得家中夜深坐，
还应说着远行人。

原始的饺子

张仲景辞官回到家乡后，发现家乡有很多患冻疮的流民，有些流民甚至出现冻掉耳朵的现象。张仲景想帮助他们，于是发明了“祛寒娇耳汤”，并免费送给流民饮用。张仲景用羊肉和药材熬汤，汤熬煮好后，将药材和羊肉取出剁成馅，用面皮包裹馅料，制作成耳朵形状的食物，这就是原始的饺子。流民饮用汤汁后，不再感觉寒冷，冻疮也慢慢好转，后来就有了冬至吃饺子的习俗。

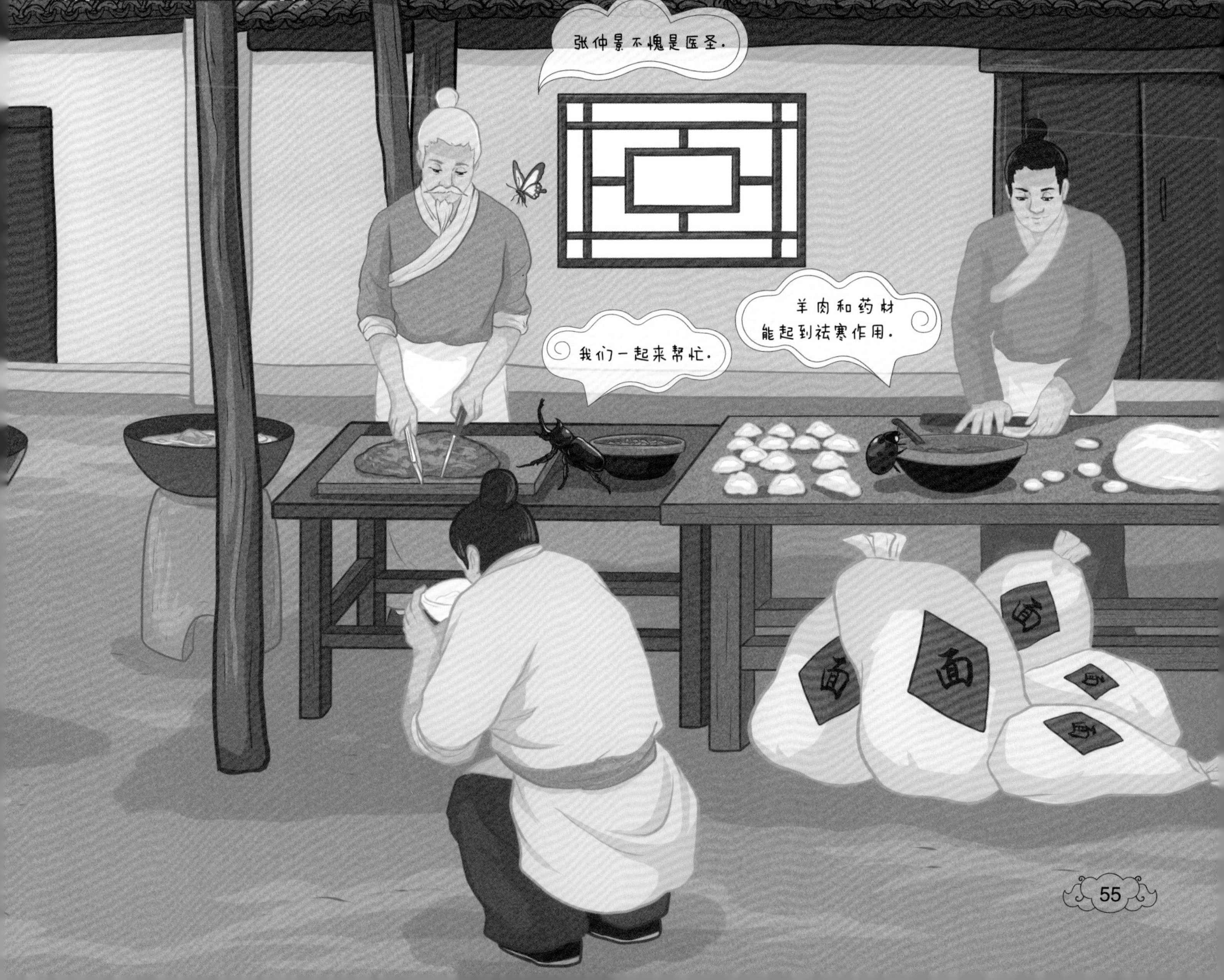
张仲景不愧是医圣。
我们一起来帮忙。
羊肉和药材
能起到祛寒作用。
面
面
面
面
面

图书在版编目（CIP）数据

吃不腻的传统美食 / 李宏蕾，韩雨江主编. — 长春：吉林科学技术出版社，2023.5
（小科普大文化 / 李宏蕾主编）
ISBN 978-7-5744-0039-9

Ⅰ. ①吃… Ⅱ. ①李… ②韩… Ⅲ. ①饮食—文化—中国—儿童读物 Ⅳ. ①TS971.2-49

中国版本图书馆CIP数据核字（2022）第235036号

小科普大文化 吃不腻的传统美食

XIAOKEPU DA WENHUA CHI BU NI DE CHUANTONG MEISHI

主　　编　李宏蕾　韩雨江
绘　　者　长春新曦雨文化产业有限公司
出 版 人　宛　霞
策划编辑　王聪会　张　超
责任编辑　穆思蒙
封面设计　长春新曦雨文化产业有限公司
制　　版　长春新曦雨文化产业有限公司
主 策 划　孙　铭　付慧娟　徐　波
美术设计　李红伟　李　阳　许诗研　张　婷　王晓彤　杨　阳　于岫可　付传博
数字美术　曲思佰　刘　伟　赵立群　王永斌　霞子豪　杨寅勃　马　瑞　杨红双　王　彪
文案编写　张蒙琦　冯奕轩

幅面尺寸　226 mm×240 mm
开　　本　12
字　　数　65千字
印　　张　5
印　　数　1-6000册
版　　次　2023年5月第1版
印　　次　2023年5月第1次印刷
出　　版　吉林科学技术出版社
发　　行　吉林科学技术出版社
地　　址　长春市福祉大路5788号出版大厦A座
邮　　编　130118
发行部电话/传真　0431-81629529　81629530　81629531
　　　　　　　　　81629532　81629533　81629534
储运部电话　0431-86059116
编辑部电话　0431-81629517
网　　址　www.jlstp.net
印　　刷　吉林省吉广国际广告股份有限公司
书　　号　ISBN 978-7-5744-0039-9
定　　价　49.90元